写给青少年的财商课

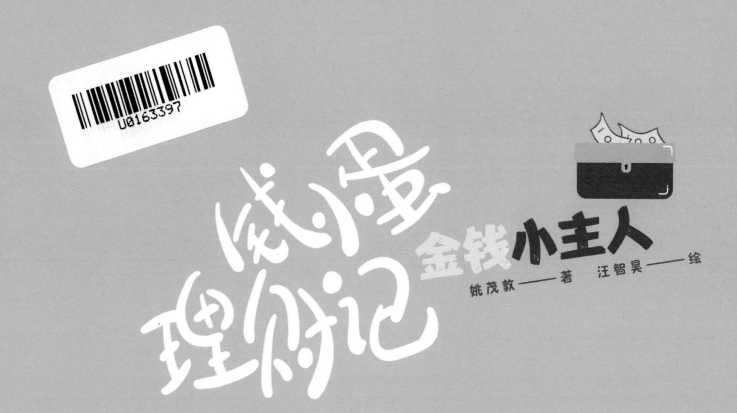

咸小蛋理财记 金钱小主人

姚茂敦——著 汪智昊——绘

電子工業出版社·
Publishing House of Electronics Industry
北京·BEIJING

人物介绍

钱小蛋

"钱小蛋理财记"系列书主角,7岁,读小学一年级,调皮捣蛋、好玩、爱动脑筋,喜欢以理财小能手自居。与钱菲菲、马大壮、高博文、许思红同班,几个好朋友住在同一个小区。

钱爸爸

投资公司分析师,知识渊博,善于用生动有趣的故事和通俗的语言,讲解深奥的经济学常识,特别是投资理财知识。

钱妈妈

购物达人,公司行政人员,熟悉各种购物省钱技巧。

钱菲菲

钱小蛋的双胞胎妹妹,喜欢给人取外号,对新词汇、新知识都感兴趣,爱"打破砂锅问到底"。

糊涂舅舅

钱小蛋和钱菲菲的舅舅，做事马虎，爱吹牛，经常犯糊涂，钱菲菲送他一个外号：糊涂舅舅。

毛老师

梧桐树小学一年级2班的班主任，善于搞活课堂气氛，鼓励孩子们观察社会现象、增强动手能力、树立正确的金钱观。

马大壮

钱小蛋和钱菲菲的同班同学，钱小蛋的好哥们，勇敢、点子多。

高博文

钱小蛋和钱菲菲的同班同学，胆子小、做事谨慎、成绩好，典型的乖学生。钱菲菲送他一个外号：高博士。

许思红

钱小蛋和钱菲菲的同班同学，和钱菲菲的关系好，表现欲强，爱显摆，经常有各种奇思妙想。

目录

29

糊涂舅舅
升职了

59

许思红认养了
一棵樱花树

35

毛老师的课堂
飞进一只麻雀

51

高博文终于
登上了西山

43

马大壮捡到
一个钱包

钱小蛋要做金钱小主人

本篇知识点

做梦　主人
奴隶
黄金　金钱
货币

星期六，天刚蒙蒙亮，上铺出现"吭吭哐哐"的声响，睡在下铺的钱菲菲被吵醒了。

"小蛋，你好讨厌！"钱菲菲睁开朦胧的双眼，提出严正抗议。

钱小蛋趴着身子，把脑袋探出床沿，兴奋地对菲菲说："菲菲，刚才我做了个梦。我是国王，好多人为我服务，面前还堆着永远花不完的金子呢。"

"那只是一个梦而已。别说了，我要睡觉。"钱菲菲把被子往头上一拉，继续睡觉。

钱小蛋回想起梦中的场景，一点睡意都没有了。他穿上睡衣，溜下床，敲响了爸爸妈妈的房门。他想让爸爸讲一讲有关梦和黄金的事情。

钱爸爸打了个哈欠，直起身子，他知道小蛋肯定是遇到难题需要帮助了。钱小蛋钻进爸爸的怀里，把梦到的事情向爸爸详细描述了一遍。

"爸爸，人为什么会做梦呢？我竟然当了国王，太神奇了。"钱小蛋百思不得其解。

"做梦是一个比较复杂的过程，原因有心理和生理两个方面。人在睡眠时，大部分脑细胞也进入休息状态，但部分脑细胞没有完全休息，微弱的刺激就会引起细胞活动，认知和记忆会交织变成梦中的场景。"钱爸爸举例说，"比如，你去旅游、钓鱼、玩游戏等活动的场景，都有可能变成梦的内容的一部分。"

"那为什么我能梦到黄金呢，可我从来没有见过真的黄金啊？"钱小蛋问。

"这很正常，你在书上或动画片里看见过的场景，都有可能进入梦里。而且，梦里可能会出现很多不同的人，他们并不互相认识。"爸爸解释说，"因

3

为梦既有真实的部分，也夹杂着虚幻的部分，梦到底属于心理还是想象问题，人类至今还没有办法完全搞清楚呢。"

钱小蛋懊恼地说："面前堆着好多黄金，那种感觉好爽，可惜梦不是真的。"

"小蛋，靠自己的聪明才智和辛勤努力，通过合法途径挣来的钱才可靠。而且，人也不能做金钱的奴隶。知道吗？"爸爸提醒说。

"奴隶是什么意思？"小蛋被爸爸说蒙了。

"简单来说，奴隶通常指失去人身自由并被奴隶主任意驱使的人。在奴隶社会，不少人因为战争、犯罪、破产、血统等原因成为奴隶。奴隶不仅要替人干活，还可以被主人随时买卖甚至处死，地位极其低下。"爸爸进一步解释说，"人不能成为金钱的奴隶，就是说人不能为了金钱而被金钱所控制。"

"奴隶真可怜。那人是不是应该做金钱的主人呢？"钱小蛋若有所思。

"小蛋真聪明，确实如此。所谓主人，是财物或权力的支配者，在古代，主人是仆人或奴隶的控制者。比如，你花钱买了很多玩具，这些玩具是你的财产，你就是这些玩具的主人。"爸爸继续说，"做金钱的主人，就是以合法方式赚钱，并且合理使用金钱，而不是为了赚钱去做违法乱纪的事。记住我的话，今后你会慢慢懂得其中的含义。"

"记住了。爸爸。"钱小蛋一边回答一边闭上眼睛又睡着了。

吃过午饭，妈妈在厨房收拾东西，爸爸在看财经杂志，钱菲菲和钱小蛋在玩跳棋。

钱菲菲突然想起早上的事情，决定给钱小蛋一个警告，于是向爸爸报告说："爸爸，今天早晨天刚亮，小蛋就搞得我睡不着，我不要和他睡一个房间了。"

"小蛋不但吵醒了你，而且还缠着我给他讲了好多知识，爸爸的头现在还有点晕呢。"爸爸笑了起来。

钱小蛋不好意思地低下头。

"对了，小蛋说梦到黄金，什么是黄金？"钱菲菲好奇地问。

"说起黄金，可就大有来头了。黄金是一种金黄色、抗腐蚀、质地较软的贵金属，比较稀有、珍贵和受人欢迎。作为一种非常重要的金属，黄金还是一种世界通用的货币，有时也代指人们常说的金钱，它不仅可以用于储备和投资，还是首饰、电子、通信、航天航空等行业和产品的重要原材料。"钱爸爸果然是投资专家，说起跟钱有关的事情，头头是道。

"那货币和金钱是一回事吗？货币和黄金什么关系？"钱小蛋追问。

"小蛋这个问题问得好。货币是用来作为交易媒介、价值储藏和记账单位的一种工具，是在物品和服务交换中充当等价物的特殊商品。金钱的来源，与作为贵金属的黄金和白银有关。过去，由于黄金和白银具有体积小、

<u>价值高、好分割、不易磨损、便于携带和保存等特点，在历史发展过程中逐渐充当了货币，所以当时的货币被称为金钱。</u>后来，随着技术的不断进步，纸币的制作成本更低，更易于保管、携带和运输，虽然纸币逐步取代了金属货币，但是人们仍然保留了金钱这一称谓。"钱爸爸说得很详细。

"好复杂啊，我有点听不懂。"钱菲菲一脸无奈。

钱小蛋也说："确实不太好懂，不过，我觉得很有趣呢。"

"你们还小，听不懂没关系，但提前了解一些关于金钱的知识，对你们有很多好处。"爸爸鼓励说，"小蛋，你今天学到的东西比菲菲多，早上我说的'要做金钱的主人'，你明白其中的意思了吗？"

"懂了，爸爸。"钱小蛋立即保证。

"什么意思啊？"钱菲菲不解地看着爸爸和钱小蛋。

爸爸正准备给钱菲菲解释一遍，钱小蛋站了起来，拉着钱菲菲的手说："回房间吧，我给你上课。"

"好啊，好啊。"钱菲菲高兴地挽着钱小蛋的手向房间走去，完全忘记了不想和他睡一个房间的事了。

钱菲菲的画获得一等奖

本篇知识点

画家　画架

奖励

职业定位　无人驾驶汽车

5G

星期三下午的第一节课是美术课，这是钱菲菲最喜欢的课。

在课堂上，美术老师范老师宣布了一个好消息："同学们，本周日，学校将举行一年级现场绘画大赛，一年级5个班的同学都可以报名，主题是'未来的交通'，本次比赛将评出一等奖1名，二等奖2名，三等奖3名，优秀奖5名，所有获奖选手都会得到相应的奖励。"

"老师，什么是奖励？"一位男同学举手提问。

"奖励是一种激励手段，可以提升人的荣誉感，并且能够调动人的积极性，挖掘人的潜力。奖励的方式很多，可以是奖金，也可以是奖状（杯）、奖品。"范老师说，"离比赛还有几天，参赛的同学要好好准备哦。"

"老师，这次比赛一等奖奖励什么啊？"钱菲菲举手站起来，信心百倍地大声说，"我要拿一等奖。"

听钱菲菲说要拿一等奖，坐在后排的一个女同学很不服气，也站起来大声说："一等奖是我的！"

几个男同学哄笑起来："哼，比赛还没开始呢，都开始争一等奖了，不要最后连优秀奖都拿不到，那可就难看咯。"

"好了，安静！安静！钱菲菲同学和孔小佳同学都希望拿一等奖，说明她们有信心，这是好事。"范老师及时制止了一场小小的混乱，"不过呢，至于奖励是什么，暂时保密。大家还有问题吗？"

"老师，我长大了想当一名画家，那么，画家具体是做什么的呢？"坐在靠窗位置的一位女同学站了起来。

"画家是一种职业，是专门从事绘画创作

11

与研究工作的一种人。画家的主要工作，是根据自己的兴趣、擅长的风格或客户的需要，进行绘画创作。画家可以分很多类，如果按题材分类，有山水画家、花鸟画家、人物画家等。"范老师解释说，"如果按国别分类，又可分为国画家和西洋画家。"

"那学绘画是不是一定会成为画家呢？"坐在第一排的一位男同学举手提问。

"这可不一定。学习绘画并不代表每个人都可以成为画家，但学习绘画有三个好处：第一，可以提升我们的审美能力和艺术修养；第二，可以提高我们的观察力、记忆力、想象力和创造力；第三，可以培养我们的专注力和学习能力。"范老师说。

"如果不能成为画家，学习绘画将来可以做哪些工作呢？"提问的男同学继续追问。

"这是一个关于职业定位的问题。虽然你们还小，离进入职场还早，但老师可以简要说一下。职业定位，就是一个人在职业选择上，有明确的发展方向。定位能够对人的一生产生重要影响。比如，班上不少同学很想成为画家，只要努力，是完全有可能实现的。"范老师打气说，"不过，就算不是每个学习绘画的人都能成为画家，但具备绘画能力，将来也可以从事飞机设计、服装设计、园林设计、家具设计等工作呢，因为很多工作都需要审美能力和形象思维能力。"

"哇，将来还可以做这么多事啊，太好了。"同学们发出一片欢呼声。

回到家，钱菲菲向爸爸妈妈说了参加现场绘画比赛的事。为了让钱菲菲能在赛前更好地练习，在

比赛中取得好名次，妈妈决定打算送一个画架给她。

"菲菲，咱家附近有一家美术商店，有很多画架，你喜欢木质的还是金属的？"妈妈问。

"画架是什么？有哪几种可以选择呢？"钱菲菲没有见过画架，有点疑惑。

<u>"画架是人们在绘画时用来撑住画板和画布的一个独立支架，材质大多为木头、金属或塑料。</u>最常见的画架有三条腿，其中两条腿架在前面，用来支撑画架，第三条腿向后倾斜伸出，用来调整画板或画布的角度。"钱妈妈解释说，"目前，比较流行木质和金属画架，这两种画架有不同的特点。木质画架比较结实，大多用于室内，可放置较大的画板。而金属画架使用更方便，可以折叠，携带方便，通常被用于野外写生。"

"那我选一个金属画架吧，等爸爸今后买车了，

周末就可以去野外画画了。"钱菲菲高兴极了，开始想象和一家人去野外玩耍，自己在草地上挥笔作画的场景。

"菲菲，这次你想好画什么了吗？"爸爸问。

"还没想好呢。要不画高铁吧？每次回乡下爷爷家，我们都要坐高铁。"钱菲菲一时拿不定主意。

"嗯，但你想想，既然比赛的主题是'未来的交通'，是不是应该画现在还没有将来可能比较常见的交通工具呢？"爸爸提示道。

钱菲菲摸了摸脑袋，突然感觉思路被打开了："对啊。我可以画无人驾驶汽车。"

"对，充分发挥你的想象力。现在，人类已经进入 5G 时代，无人驾驶汽车会很快变成现实。"爸爸提出表扬。

"可是，5G 和无人驾驶汽车是什么样子的呢？"钱菲菲对这两样东西完全没印象，她有点犯难。

"不必担心，爸爸给你说说。5G 是第五代移动通信技术的简称，也是 4G、3G 和 2G 的延伸，5G 具有网络速度更快、延迟时间更短、容量更大等特点。正因为有了这些技术特点，无人驾驶汽车会在 5G 时代真正成为现实。比如，无人驾驶汽车要求接受各种指令并快速做出反应，以便在紧急情况下及时停车，如果指令的传输速度和汽车的反应太慢，那么很容易出现严重的交通事故，而 5G 因为延迟时间短所以能避免上述问题发生。"爸爸继续说，"无人驾驶汽车，是一种智能汽车，主要依靠车内的智能驾驶仪来代替人工操控，以实现正常驾驶汽车的目的。这种汽车集成了很多先进的技术，包括感知系统、传感系统、环境识别系统、导航系统等。"

"好的，就画无人驾驶汽车了，谢谢爸爸。"在爸爸的帮助下，钱菲菲终于确定了比赛要画的内容。

更让钱菲菲开心的是，在星期天的现场绘画比赛中，她的参赛作品"5G 时代的无人驾驶汽车"成功获得了一等奖。这个大奖不仅成功实现了她在班上公开宣布的拿奖计划，而且奖品是一架价格很贵的电子琴，这可是她一直想买又舍不得买的东西。

钱爸爸赚了一台大彩电

本篇知识点

投资　储蓄　涨停　涨跌停制度　跌停　开盘价　收盘价

星期五，钱小蛋和钱菲菲放学回家，刚一进门，就听见爸爸在厨房里哼歌，原来爸爸在杀鱼。

"哇，好大一条鲤鱼！爸爸，今天我们家有什么喜事？"钱小蛋把书包放在沙发上，钻进厨房。

钱菲菲也跟着进来。

"小蛋，菲菲，放学了啊。说对了，有喜事。"爸爸开心地说，"今晚我们吃红烧鲤鱼。"

"那我猜猜是什么喜事？"钱菲菲开动脑筋，"爸爸升职了？"

爸爸摇摇头："不对。再猜！"

"爷爷奶奶从乡下来了？"钱小蛋特别喜欢爷爷奶奶，他已经

好几个月没看到他们了。

"都不对。"从楼下买酱油回来的钱妈妈揭开谜底，"你爸爸投资股票赚钱了。"

"太好了，赚了多少啊？"说起赚钱的事情，钱小蛋马上来了兴趣。

"赚多少不重要。最重要的是，如果你们长大后想成为真正的理财专家，首先必须搞清楚什么是投资，什么是理财，以及二者的区别。"钱爸爸在鱼身上抹上盐巴和料酒进行腌制，然后把手洗干净，拉着两个小家伙来到客厅坐下。

"爸爸快说吧！"钱小蛋有些迫不及待了。

"先明确一点，投资和理财有联系，但它们不是一回事儿。<u>投资是指机构或个人经过投资决策，投入一定的资金和资源，以获取投资收益的经济行为。理财，我们前面讲过，就是</u><u>对财产进行主动管理，以实现财产保值和增值的目的。</u>"爸爸继续说，"二者有很多区别。比如，理财涉及的范围广，其中包含投资；而投资的范围相对窄得多。另外，投资大多是短期行为；而理财是长期行为，甚至伴随你的一生。"

"那应该先赚钱再理财，还是先理财再赚钱呢？"钱菲菲问。

"这其实是什么时候开始理财更适合的问题，不同的人可能有不同的看法，所以，这个问题没有标准答案。不过，有句话说得很有道理，叫'理财要趁早'，意思是理财行为越早开始越好。当理财成为一种习惯和生活态度，投资能力会越来越强，也就更容易实现财产保值增值的目的。"钱爸爸解释说。

钱小蛋突然想起来，之前看见过有人在路边发传单，传单上写着"你不理财，财不理你"八个大字，他一直搞不懂其中的意思，但感觉和爸爸说的事情有关系。

"爸爸，'你不理财，财不理你'这句话是什么意思？"钱小蛋问。

钱爸爸笑了起来，说："'你不理财，财不理你'是一句俗语，意思是说，如果一个人不主动理财，财富也会远离他。有的人总觉得，有钱人才需要理财，穷人不用理财，这是错误的。财富的积累和增长，靠的是一个人长时间地去主动管理。"

"那我的压岁钱也可以做理财吗？"钱菲菲急切地问。

"当然可以啊。"钱爸爸肯定地回答，"<u>你可以把每年的压岁钱存在银行，银行依据规定支付利息，这也是一种理财方式，这种方式叫储蓄</u>。只不过，这种理财方式获得的收益比较少，但最大的优点是安全，因为钱放在银行，不用担心被人偷走。"

"吃饭咯。"两个小家伙在认真听爸爸讲解投资理财知识的时候，钱妈妈把香喷喷的红烧鲤鱼端上了餐桌。

¥🥚 …… ¥🥚 …… ¥🥚 ……

钱菲菲打算趁着爸爸高兴，让他给自己买一双运动鞋。

吃饭时，钱菲菲忍不住问："爸爸，你这次赚了多少钱啊？可不可以给我买一个礼物？"

"这次赚的钱足够我们家换一个大彩电了。"爸爸开心地说，"想要什么礼物？"

"哇，那么多！我想要一双运动鞋。"钱菲菲用期待的眼神看着爸爸。

"爸爸，可以给我买个篮球吗？"钱小蛋见菲菲有礼物，也提出要求，"对了，您是怎么赚到这笔钱的？"

"你们想要的礼物都没问题。"爸爸愉快地答应了，"这笔钱是爸爸在股市上抓到一支涨停股赚到的。"

"涨停？"钱小蛋第一次听说这个词汇，"是什么意思呢？"

"涨停是中国 A 股市场的一种特殊交易制度，这个制度完整的说法叫涨停板制度，是管理部门为了防止证券市场的交易价格发生暴涨暴跌，影响市场正常运行，而对证券买卖价格涨跌的上下限做出规定的一种制度。"爸爸继续说，"涨停，就是某只股票的价格达到了规定的最大涨幅，价格被限制住，不能再继续往上涨；相反，跌停则是某只股票的价格达到了规定的最大跌幅，价格被限制住，不能再继续往下跌。比如，某只股票星期一的收盘价是 6 元，涨停幅度为 10%，也就是 6 角钱。那么，星期二如果这只股票涨到 6.6 元，就涨停了，不能再继续往上涨，但可以正常买和卖。"

爸爸越讲越兴奋，钱菲菲和钱小蛋听得入神了。

"那什么叫收盘价？"钱菲菲"打破砂锅问到底"。

"说到收盘价，自然得有开盘价。开盘价又叫开市价，是指某种证券在证券交易所每天开市后的第一笔买卖的成交价格。"钱爸爸如数家珍，"收盘价，是指某种证券在证券交易所每天收市时的最后一笔买卖的成交价格。不过，不同的市场，价格的计算方式也有所不同。"

"看来要学习的投资知识很多啊。"钱菲菲感叹道。

"是的，投资的品种和渠道很多。这次让爸爸赚钱的股票只是其中一种，其他的品种还有期货、外汇、债券，等等，今后我们慢慢讲解，好吗？"

"好的。谢谢爸爸，别忘了给我们买礼物哦。"说完，钱菲菲和钱小蛋高高兴兴回卧室写作业去了。

钱妈妈的城市菜园

本篇知识点

经济作物
土地所有权
粮食作物
大棚蔬菜
土地租金
土地使用权

周六上午，钱妈妈从超市买了很多蔬菜回来，有钱菲菲最喜欢的黄瓜和钱小蛋爱吃的番茄。

午饭还没开始，馋嘴的钱菲菲忍不住拿着一根大黄瓜开始啃。突然，她觉得味道不对。

"妈妈，今天的黄瓜怎么没有之前的好吃呢？"钱菲菲疑惑地问，"感觉味道很淡，你尝尝。"

"是吗？"妈妈接过钱菲菲手里的黄瓜，咬了两口，边吃边辨别味道。

"之前的黄瓜是我在下班路上从农民伯伯那里买的。今天的黄瓜是从超市买的，味道的确不一样。"妈妈皱了皱眉，"我知道原因了。"

"什么原因？"钱菲菲追问。

"农民伯伯卖的菜是露天自然生长的，而超市卖的是大棚蔬菜。"妈妈分析说。

"什么是大棚蔬菜？和农民伯伯种的菜有什么区别呢？"钱菲菲很好奇。

"大棚蔬菜是指在竹竿、木头或钢管大棚上覆盖塑料薄膜，通过人工营造适宜蔬菜生长的环境，来调整蔬菜生产季节，满足市场需求，确保蔬菜优质、高产，这样种植出来的蔬菜就叫大棚蔬菜。"妈妈说，"与农民伯伯种的露天蔬菜比，大棚蔬菜的优点是产量高、效益好，上市时间可以不受季节影响，但缺点也很明显，就是口感要差一些。"

"原来是这样。"钱菲菲突然冒出一个奇妙的想法，"妈妈，我们小区附近有几块空地，我之前看见一位婆婆在种菜。要是我们家也有一个菜园就好了，这样就可以随时吃到新鲜的蔬菜了。"

"对呀，菲菲真聪明，你倒是提醒我了。"妈妈对菲菲提出了表扬，"看来，我得开个重要的家庭会议了。"

¥🥚……¥🥚……¥🥚……

晚上 8 点整，钱妈妈宣布家庭会议开始。

"今天上午，菲菲说从超市买的黄瓜口感不好，想开辟一个菜园。我觉得这个想法很好，现在我们对这个问题进行讨论，每个人都可以自由表达意见。"妈妈喝了口水，继续说，"下午，我专门找了小区旁边的那块菜地的主人刘婆婆，咨询了价格。"

"好啊。我们就要有自己的菜园咯！"钱小蛋激动不已。

"小蛋，不许闹，听妈妈说完。"钱菲菲制止道。

爸爸微笑着问："面积有多大？租金一年多少钱？"

"嗯，我们可以租 30 平方米，一年的土地租金只需要 800 元，但我们只有使用权，没有所有权。"妈妈继续说，"租金很便宜。不过，能种多久，刘婆婆不敢保证。她说，要是哪天那块地被征用了，就种不成了。"

"什么是土地租金啊？"钱菲菲问。

"还有，使用权和所有权是什么意思？"钱小蛋也提出了问题。

"爸爸分别给你们解答一下。通俗地说，土地租金就是出租土地获得的经济报酬，或是出租人凭借土地所有权向土地使用者索取的经济代价。土地使用权是指国家机关、企事业单位、集体或个人，依照法定程序对土地所享有的占有、使用、获得收益的权利。"爸爸进一步解释说，"土地所有权是土地所有者在法律规定的范围内，对其拥有的土地享有的占有、使用、收益和处分的权利。目前，我们国家的土地所有权分两种，一种是国家土地所有权，另一种是集体土地所有权，个人没有土地所有权。明白了吗？"

"明白了。谢谢爸爸。"还是钱菲菲的嘴甜。

"要不要租地开辟菜园，现在开始投票吧。"妈妈提议，"投票原则是少数服从多数。全家 4 个人，赞成票达到 3 票才算通过，同意的请举手。"

所有人都举起了手，钱妈妈的菜园计划顺利通过。

第二天是星期天，早上不到 8 点，钱菲菲和钱小蛋一改过去周末喜欢睡懒觉的习惯，早早起床，准备好铲子、锄头、水壶等工具，他们要和爸爸妈妈去整理菜园。

一家人全部上阵。钱爸爸松土，钱妈妈除草，钱菲菲和钱小蛋清理小石块。忙碌了两个小时左右，菜园整理完毕。

"妈妈，我们种什么菜好呢？"钱菲菲问。

"嗯，现在是 10 月份，虽然进入秋季，天气有些冷了，但还是可以种植很多经济作物。"妈妈说。

"什么是经济作物？包括哪些呢？"钱菲菲很喜欢在大人的讲话里找到感兴趣的问题。

"说起经济作物，就必须谈到粮食作物，这两者是有区别的。"爸爸是知识专家，接过话茬说，"经济作物又叫'工业原料作物'或'技术作物'，一般指为工业提供原料的作物。经济作物的种类比较多，包括棉、麻等纤维作物，芝麻、花生等油料作物，甘蔗、甜菜等糖料作物，茄子、辣椒等

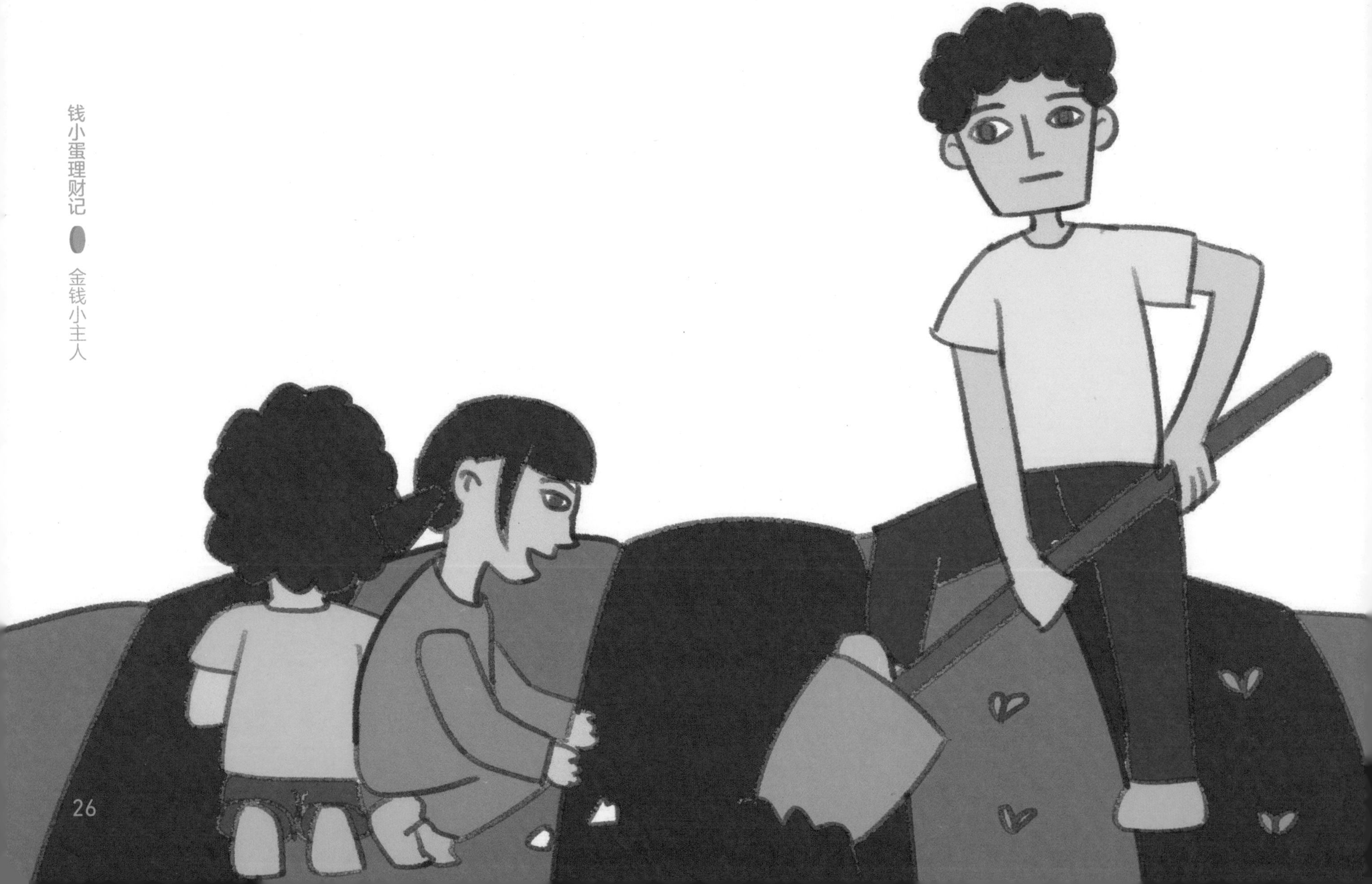

蔬菜作物，等等。而 <u>粮食作物是谷类作物、薯类作物及食用豆类作物的总称，包括稻谷、马铃薯、大豆等。</u>"

"爸爸，你真厉害！"钱菲菲太佩服知识渊博的爸爸了。

钱小蛋摸摸脑袋，充满期待地问："那可以种番茄吗？"

"番茄对温度和湿度要求较高，秋冬季节温度较低，不太适合露天种植番茄，但我们可以种生菜、菠菜、大蒜、豌豆、莴笋、香菜、芹菜和胡萝卜。"妈妈笑呵呵地说。

"唉，吃不成番茄了。不过，胡萝卜也不错。"钱小蛋有点沮丧。

"哈哈，小蛋是兔子，就爱吃胡萝卜。"钱菲菲取笑钱小蛋。

"你才是兔子呢！"钱小蛋挥舞着脏兮兮的手开始追钱菲菲。

糊涂舅舅升职了

本篇知识点

自助餐厅　　薄利多销　　零售价

客户经理　　　　　批发价

销售总监

星期三傍晚，钱小蛋和钱菲菲正在家里玩游戏，忽然听到了门外糊涂舅舅的大嗓门。

"小蛋，菲菲，我是舅舅，开门。"糊涂舅舅一边按门铃一边喊。

钱小蛋把门打开，没好气地问："舅舅，你急吼吼地做什么啊？"

坐在沙发上的钱妈妈站了起来，"咦，孩子舅舅好久没来了，留下吃晚饭吧。我正要出去买菜。"

糊涂舅舅豪气地说："姐，今晚不用买菜做饭了，我请大家吃大餐。"

钱菲菲狐疑地问："舅舅，今天太阳从西边出来了，你终于舍得请我们吃饭啊？"

"菲菲，不许乱说。"钱妈妈赶紧制止道，"你舅舅今天应该是有好事。"

"对！菲菲，舅舅我升职了。今晚想吃什么？尽管说！"糊涂舅舅大手一挥，大方地说。

钱小蛋拉住舅舅的手，说："我想吃牛排！"

"我想吃烤肉。"钱菲菲也提出要求。

糊涂舅舅拍拍胸脯，说："没问题。不过，你们的意见不统一，干脆我们吃自助餐如何？我知道一家自助餐厅，味道很好，烤肉、牛排、火锅，应有尽有，可以满足大家不同的口味。"

"自助餐厅是什么啊？"钱小蛋第一次听说，"和其他餐厅有什么区别？"

"<u>自助餐厅是指顾客可以自由选择适合自己口味的食物、甜品和饮料的餐厅。</u>"舅舅介绍说，"自助餐厅与其他餐厅的最大区别，就是客人可以自由选择喜欢的食物，按人收费，只要不浪费，每个人想吃多少随便拿，不受任何限制。"

大家你一言我一语地说着，钱爸爸也下班回来了。

全家人来到一家装修高档的自助餐厅。

"哇，这是我第一次来这种餐厅，和其他吃饭的地方真是不一样啊。"钱菲菲从食材区拿了自己最喜欢的羊肉卷、牛肉卷和排骨，不由自主地发出感叹。

"舅舅，你这次当了什么官啊？"钱小蛋好奇地问。

钱妈妈提醒道："小孩子不要随便打听大人的事情，好好吃饭。"

"姐，没事，我给他们说说，开拓一下视野也好。"糊涂舅舅开心地说，"舅舅这次是从客户经理升为了销售总监，不是当官。不过，工资每个月涨了 2000 元呢。"

"真厉害！客户经理和销售总监都是干什么的？销售总监的权力很大吗？"钱菲菲问。

"<u>客户经理，是一家公司里直接面对客户、为客户提供各种服务的人员。</u>比如，我们去银行办理业务，银行的客户经理就会给我们介绍业务流程，为我们做好服务。"糊涂舅舅继续说，"<u>销售总监是公司里的一个中高级职位，主要负责管理整个销售部门和团队。</u>销售总监比客户经理的责任和权力都要大很多。"

"谢谢舅舅。今天的牛排太好吃了！"钱小蛋说。

钱菲菲吃着吃着，突然想到一个问题：这家餐厅按人收费，有的人特别能吃，餐厅会不会亏钱？

"爸爸，这家餐厅每个大人收费 78 元，1 米以下的儿童免费，像我和小蛋这样 1.2 米左右的收半价，老板不会亏钱吗？"钱菲菲忍不住提问。

"这是个好问题，很多大人都搞不懂呢。"钱爸爸放下筷子，分析说，"为什么自助餐厅不会亏钱？原因在于，它们有几个方面的成本比其他餐厅低很多：第一，因为是客户自己取菜用餐，只需请很少的服务员，人工成本节约了不少；第二，因为采购

原料的量很大，都是按批发价进货，采购成本大幅下降；第三，很多顾客以为自己能吃回本，其实吃不了多少就撑了。就算有少数顾客吃的食物的价格超过成本，餐厅从其他大部分顾客那里赚的钱也足以覆盖成本。"

"终于搞懂了。"钱菲菲点点头，"那什么是批发价呢？"

糊涂舅舅笑了起来，说："菲菲，你的问题真多，

这个问题舅舅告诉你，让你爸爸吃点东西。"

"就是。菲菲，你应该像我一样多吃点，你看我的肚子都撑得像个皮球了，嘿嘿。"钱小蛋自豪地摸摸圆鼓鼓的肚子。

"小蛋，快吃你的，别捣蛋。"钱菲菲嘟起嘴。

糊涂舅舅放下筷子，说："说到批发价，还得说下零售价，因为这两个价格联系紧密。**批发价是指生产厂家直接给予要货量大的零售商或**

<u>消费者的价格</u>，这个价格只比生产成本高一点；而<u>零售价是消费者在零星购买某种商品时的价格</u>，这个价格高于批发价。"

"怪不得。我手里这瓶饮料，外面商店的零售价是 3 元一瓶，那自助餐厅在采购时的批发价，是不是只要几角钱一瓶呢？"钱菲菲问。

"是的。"糊涂舅舅解释说，"其实，这就是薄利多销的经济学原理。"

钱小蛋歪着头，问："之前听说过薄利多销，具体是什么意思啊？"

"<u>薄利多销是一种通过降低价格来扩大销量的销售策略。</u>"糊涂舅舅解释说，"比如，有个老板卖苹果，进价是 3 元一斤，第一天他卖 6 元一斤，顾客觉得价格太贵，舍不得买，当天只卖出 100 斤，老板的总收入是 600 元，除去成本 300 元，第一天净赚 300 元。第二天，老板把苹果降价到 5 元一斤，买的顾客大幅增加，当天卖出了 200 斤，总收入是 1000 元，除去成本 600 元，净赚 400 元，第二天反而比前一天多赚了 100 元，这就是薄利多销带来的好处。"

"谢谢舅舅，不但请我们吃了好吃的，还给我们讲了不少新知识。今后不叫你糊涂舅舅了。"钱菲菲笑嘻嘻地说。

"不用改。我就喜欢之前的叫法，哈哈。"糊涂舅舅并不生气。

全家人都笑了起来。

毛老师的课堂飞进一只麻雀

·本篇知识点·

趋光性　良性竞争

恶性竞争

生物界　机会均等

公平

星期一下午，班主任毛老师正在上语文课。突然，一只小麻雀从一扇开得很小的窗户飞了进来，转了几圈，但一直飞不出去。所有同学的注意力都被这只小麻雀吸引住了。

毛老师打算考一考大家："同学们，这只小麻雀回不了家了，我们一起来帮助它回到爸爸妈妈的身边，好吗？有解决办法的同学请举手回答。"

同学们齐刷刷地举起小手。

"陈兵同学请回答。"毛老师点名。

"老师，可以把窗口开大一点让麻雀飞走。"陈兵说。

"老师，麻雀看不清玻璃，打开窗户它也找不到路，只会乱撞，说不定会撞死呢。可以打开教室的前门和后门。"坐在教室中间的一位女同学回答。

⋯⋯⋯⋯⋯

连续点了五位同学回答后，毛老师微笑着说："大家的答案都很好，但都不是最好的办法。"

钱菲菲一直举着手，但毛老师似乎没有看到，而是点了后排的高博文："高博文同学请回答。"

"老师，可以把所有窗帘都拉上，只打开一扇窗户，鸟就飞走了。"高博文自信地答道。

毛老师点点头，问："高博文同学，你的回答正确，那你知道这是什么原理吗？"

高博文摇了摇头。

"这个原理是利用了动物的趋光性。所谓趋光性，是指部分动物对光线的刺激会产生趋向性。留下一扇窗开着，其他窗用窗帘遮住，麻雀就会从有光的窗口飞出去。"毛老师解释说。

"我家里的灯泡经常会吸引很多飞蛾，也是因为趋光性吧。是不是所有动物都有趋光性呢？"高博文问。

"不是。有的动物反而怕光，喜欢黑暗，比如蚯蚓、蝙蝠等。"毛老师说，"生物界有很多奇妙、有趣的现象，大家平时多观察，会拓展我们的视野呢。"

"老师，什么叫生物界？包括哪些呢？"马大壮举手提问。

"生物界可以理解为动物、植物、真菌、细菌、病毒成长生存的空间。生物是多种多样的，生物界最早由瑞典博物学家林奈划分成植物和动物两界，这种分法沿用得最广和最久。不过，对生物界的划分有不同意见，有人认为，生物界应该包括植物、动物和原生生物界；还有人认为，生物界应该划分为植物界、动物界、真菌界、原生生物界和原核生物界。总之，生物界的划分标准至今没有统一。"毛老师转移话题,"同学们,今后会有专门的生物老师教大家生物课,下面,我们继续回到今天的语文课。"

直到下课,钱菲菲都没有得到答题的机会。

¥ ...... ¥ ...... ¥ ......

放学路上,钱小蛋、马大壮、高博文、许思红几个小伙伴有说有笑,只有钱菲菲闷闷不乐,一言不发。

"菲菲,你怎么了?是不是生病了?"许思红关心地问。

钱菲菲还在为课堂上的事情生气:"为什么我一直举手,毛老师就是不让我回答?高博文都回答了。"

"因为毛老师知道我的回答肯定正确啊。"高博文骄傲地说。

"高博文,你故意气人!讨厌!"钱菲菲的眼泪开始在眼眶里打转。

"菲菲,我一点都不喜欢回答问题,巴不得老师永远不点我呢。嘿嘿。"马大壮说。

"你!……"钱菲菲都要急哭了,"不理你们了!哼!"

回到家,钱菲菲把书包往沙发上一放,嘟着嘴生闷气。

"怎么了,菲菲?"妈妈走过来,把手放在钱菲菲的额头上,看看她是不是感冒发烧了。

"菲菲今天在语文课上一直举手,想回答问题。但毛老师没点她的名。"钱小蛋嘴巴快,把课堂上的情况说了一遍。

"是因为这个啊！"妈妈开导说，"菲菲，要相信老师是公平的。妈妈知道你肯定能回答得很好，但你想啊，班上有 50 个同学，举手想回答问题的可能有二三十个，如果每一个举手的同学都回答一遍，一节课的时间是不是全部被占用了呢？"

"妈妈，什么是公平？"钱小蛋问。

"嗯，公平是指处理事情合情合理，不偏袒某一方或某一个人。也就是说，每个人都承担应该承担的责任，得到应该得到的利益。"妈妈解释说，"如果一个人承担的责任小，得到的利益多，就会让人感到不公平。明白吗？"

钱菲菲似懂非懂地点点头："那为什么之前毛老师让我回答问题，这一节课没让我回答呢？"

"这涉及机会均等的问题，老师的做法是对的。"妈妈表达了态度。

钱小蛋摸摸脑袋，搞不懂"机会均等"这个词的含义，说："机会均等是什么意思？"

"机会均等的意思，就是每个人都能公正平等地享有机会。比如，毛老师之前让你回答了问题，这一节课当然要把这个机会给其他同学，这样轮流回答，每个同学不都有机会了吗？"

钱菲菲终于明白了，脸上露出了笑容。

"菲菲，你主动回答问题，值得表扬，但你更应该养成良性竞争的意识。"妈妈说。

"良性竞争？"钱菲菲和钱小蛋都很疑惑。

"嗯，良性竞争就是在一个集体里或相同的市场上，参与者的竞争是正面和积极的。良性竞争的反面，是恶性竞争，意思是在一个集体里或相同的市场上，参与者的竞争是负面和恶性的。"妈妈举例说，"比如，张三、李四、王五都在一条街上卖西瓜，张三、李四都卖 3 元一斤，王五却卖 2 元一斤，张三和李四的西瓜因为价格贵一些，所以卖不掉，于是他们也降价到 2 元一斤，而王五又降价到 1.5 元一斤……这样三个人反复降价，就属于恶性竞争，带来的后果是，市场上西瓜的市场价格被严重破坏，大家都赚不到钱。"

"明白了，就是说，就算我知道答案，今后也要把回答问题的机会让一些给其他同学。"钱菲菲开心地说。

"是的。你们要与全班同学友好相处，进行良性竞争，大家一起进步和提高，而不是只管自己的感受。"妈妈表扬道。

钱菲菲和钱小蛋点点头，今天又学到了新知识和一些做人的道理。

马大壮捡到一个钱包

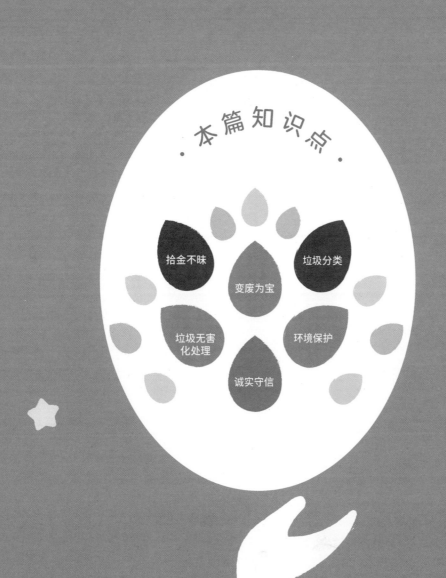

本篇知识点

拾金不昧

垃圾分类

变废为宝

垃圾无害化处理

环境保护

诚实守信

星期一中午，马大壮把钱小蛋和高博文拉到一边，神秘地说："今天我运气真好，刚刚在厕所门口捡到一个东西。"

"什么东西？"钱小蛋和高博文迫不及待地问。

马大壮向两个好朋友卖关子，说："你们猜，每人有两次机会，谁猜对了，我请他吃冰激凌。不过，要保证绝对不能说出去，只能我们三个人知道。"

"保证不说！我先猜。"钱小蛋自告奋勇第一个说，"是手机吗？"

"错！"马大壮摇头否认。

"钱？"高博文说出自己的答案。

"不对。再猜。"马大壮继续摇头。

钱小蛋和高博文又分别猜了一次，还是没有猜对。

"看来你们吃不成冰激凌咯，还是我来告诉你们答案吧。"马大壮从校服口袋里拿出一个钱包。

"哇，是钱包！里面肯定有很多钱。"高博文兴奋地说，"快打开看看。"

三个小伙伴围成一圈，慢慢打开钱包。不过，令人失望的是，除了几张银行卡和购物卡，里面一分钱都没有。

"唉，白高兴一场。"马大壮垂头丧气地拿起钱包，准备丢进角落里的垃圾桶。

钱小蛋立即制止说："别丢，应该交给班主任毛老师，让老师来处理。"

"里面没有钱，钱包的主人又没什么损失。为什么不能丢？"马大壮感到不解。

"你想想，虽然钱包里没钱，但里面有银行卡和购物卡，说不定丢钱包的人正在到处寻找呢。"

钱小蛋说。

"对，我咋没想到呢。"马大壮采纳了钱小蛋的建议。

三个小伙伴向班主任毛老师的办公室走去。

¥ …… ¥ …… ¥ ……

下午是语文课，在正式上课前，毛老师公开表扬了马大壮。

"今天，马大壮同学在学校卫生间捡到一个钱包。他没有藏起来，而是立即上交，老师要提出表扬，希望全班同学向他学习。"毛老师说，"这是一种拾金不昧的美德，大家鼓掌。"

全班同学热烈鼓掌。

马大壮有点不好意思，偷偷瞄了瞄钱小蛋，钱

小蛋做了个鬼脸。

"老师，什么是拾金不昧？"一位女同学举手提问。

"拾金不昧，意思是捡到贵重物品或钱财时，不隐瞒、不据为己有，而是及时上交给相关的人进行妥善处理。"毛老师解释说，"拾金不昧是中华民族的传统美德，我们每一个人都应该继承和发扬这种美德。现在开始上课。"

放学回到家，马大壮将自己得到班主任毛老师表扬的事向爸爸妈妈汇报了。

爸爸很开心，夸奖说："大壮真是好孩子，你做得很对。"

妈妈也伸出大拇指，给马大壮点赞，然后进厨房准备晚饭去了。

不过，马大壮总感觉脸上火辣辣的。因为他清

楚，自己得到老师和爸爸妈妈的表扬，全靠钱小蛋的建议，要不然捡到的那个钱包早就在垃圾桶里了。想到这里，他突然对垃圾的去向产生了兴趣。

"爸爸，城市里每天产生大量的垃圾，这些垃圾都去哪里了啊？"马大壮好奇地问。

"嗯，你问的是垃圾处理问题。"爸爸说，"现在城市里对垃圾都采取无害化处理。所谓垃圾无害化处理，就是对人类日常生活和生产中产生的各种废弃物，利用各种技术对其进行科学处理，部分还可以变废为宝。目前，垃圾处理的方式主要有四种：一是焚烧，二是填埋，三是堆肥，四是回收。"

"变废为宝？垃圾还可以变成宝？"马大壮觉得不可思议。

"当然可以。变废为宝，就是将部分有经济价值的废品进行回收利用，经过重新加工，制作成新的产品反复使用。比如，使用过的课本、看过的报纸、废弃的牛奶盒等，可以卖给废品站，回收后利用机器打成纸浆，然后再将其制作成报纸、杂志和书本，这样可以少砍伐森林，减少环境污染。"

"废品还有这么多作用啊？"马大壮很吃惊，"那么，电视上说的垃圾分类又是什么呢？"

"垃圾分类，是指按一定规定或标准将垃圾分类储存、分类投放和分类搬运，从而转变成公共资源的行为。对垃圾进行分类，是有效处理垃圾的一种科学管理方法。分类的目的是充分利用垃圾的资源价值和经济价值。"爸爸继续说，"为了生活环境变得更美好，我们每个人都应该有环境保护的意识，知道吗？"

"环境保护是什么意思？是不是大人才能做？"马大壮问。

爸爸笑眯眯地说："环境保护是指人类为解决环境问题，处理人类与环境的关系，保护人类的生存环境、保障经济社会的可持续发展而采取的各种行动。这些行动既包括技术方面的，也涉及政策方面的，还有宣传教育方面的。环境保护不只是大人的事，每个人都应该积极参与。比如，在购物时尽量携带环保购物袋，减少使用塑料袋等做法，就是保护环境的体现。"

马大壮点点头，心想，又学到了新知识，可以向钱小蛋和高博文吹牛了。

"你们说完了吗？吃晚饭了。"妈妈已经把饭菜摆好。

"爸爸，我……我向老师撒谎了。"虽然很担心爸爸生气，但马大壮还是鼓起勇气向爸爸坦白。

"具体是什么情况？说说看。"马爸爸并没有生气，依旧微笑着。

"我当时很想把捡到的钱包丢了，是钱小蛋建议我交给老师的。要是丢了，不但钱包的主人永远找不到钱包了，还产生了新的垃圾。"想到这里，马大壮低下了头，"爸爸，可以给我保守这个秘密吗？不能让其他人知道，包括妈妈。"

"诚实守信就是好孩子。"爸爸说，"你放心，爸爸谁都不说。小蛋帮助你改正错误，这才是好朋友，你要谢谢他。"

"嗯，对了，诚实守信是什么意思呢？"马大壮问。

"诚实守信，就是忠于事物的本来面貌，不说谎、不作假，不为不可告人的目的而欺瞒别人；同时，要讲信用、讲信誉、信守承诺，答应了别人的事一定要去做。"爸爸解释说，"做人，一定要诚实，这样才能结交更多的朋友，得到别人的尊重和信任。可要记住了，吃饭！"

"记住了，爸爸。"马大壮开心地笑了。

高博文终于登上了西山

本篇知识点

海拔高度
相对高度
物以稀为贵
供不应求
一览众山小
供大于求

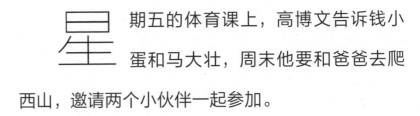

星期五的体育课上，高博文告诉钱小蛋和马大壮，周末他要和爸爸去爬西山，邀请两个小伙伴一起参加。

马爸爸周末要参加单位的活动，出于安全考虑，没有大人陪同的马大壮没法一起去爬山。钱小蛋很幸运，钱爸爸刚好周末有空。

星期六一早，钱小蛋和钱爸爸坐上高爸爸的车。半小时后，他们来到西山脚下。车停好后，每个人检查完装备，带好干粮和水，9点整，四人开始登山。

钱小蛋理财记 金钱小主人

刚开始，高博文和钱小蛋仿佛有使不完的力气，很快就将两个大人甩在了后面。

但没走出多远，钱小蛋开始喘粗气了，高博文也在冒汗，两人决定坐下休息，等一等后面的大人。高爸爸和钱爸爸很快追上来了。

"爸爸，这座山有多高啊？"高博文问。

"目前的海拔高度是1421米。"高爸爸看了看手腕上的运动手表，这种表有显示海拔高度的功能。

"啊？这么高啊，那要是爬到山顶，不是有四五千米啊？"高博文有点泄气，钱小蛋也有点想打退堂鼓了。

"爸爸说的是海拔高度，相对高度并没有那么高。"高爸爸说。

"高叔叔，什么是海拔高度？相对高度又是什么意思啊？"钱小蛋问。

"海拔高度又叫绝对高度，是某地与海平面的高度差，表示这一地点高出海平面的垂直高度。目前，我国统一以青岛的黄海海面作为各地计算海拔高度的水准零点。比如，现在我们所在位置的海拔高度是1421米，就是说目前的高度比海平面高出1421米。相对高度，是指两个地点的绝对高度之差。比如，这座山山脚的海拔高度是1335米，山顶的海拔高度是1800米，那么从山脚到山顶的相对高度只有465米。"高爸爸解释说。

"才400多米。小蛋，我们继续走！"听完爸爸的介绍，高博文又来劲了，拉起钱小蛋又开始向前跑去。

"爸爸,我走不动了。能帮我背下包吗?"登上一个休息平台后,气喘吁吁的钱小蛋向爸爸求助。

但钱爸爸并没有答应,而是鼓励他说:"登山除了是一种锻炼身体的方式,更是对人的意志力的挑战,没有登上峰顶前,不能轻易放弃。再坚持坚持,你就会到达目的地。"

"嗯。"钱小蛋咬咬牙,和高博文互相鼓励着,继续向上爬。不过,两人的步伐明显减慢了。

没多久,四人又来到一个休息平台。在上山途中,大家的水都喝光了。在休息平台上,有一个人在卖食品、饮料。

钱爸爸花了20元,给每个人都买了1瓶矿泉水。

走出一段路之后,钱小蛋对矿泉水的价格有些疑惑,于是问道:"爸爸,为什么山上的矿泉水卖5元一瓶,而城里只卖2元一瓶呢?"

"这是'物以稀为贵'的经济学原理。"钱爸爸说,"物以稀为贵,意思是指某种事物或产品因过于稀少而显得珍贵。比如,山上就一个人在卖水,没有竞争对手,他提供的水供不应求,加上运输成本很高,价格自然要比山下的贵。"

"我们什么都没带,爬山都觉得很累,老板要把食品和水背着上山,确实更累,真是不容易!"钱小蛋感叹道。

"钱叔叔,那供不应求是什么意思呢?"高博文也提出了问题。

"供不应求是一个经济学名词,意思是某种产品的需求量很大,但供应量严重不足。

比如，刚才那个老板每天只能背 50 瓶水上山，但登山的人超过 200 人，其中可能有 80 人需要买水，50 瓶水肯定不够，这就是供不应求。"钱爸爸解释说，"还有一种与供不应求相反的情况，叫供过于求。供过于求的意思，就是某种产品的供应量大大超过了需求量。比如，当某一天这座山上卖水的人增加到 4 个，而买水的人不变，水卖不出去，到时价格就会下跌了。"

"没想到在生活中有这么多经济学现象啊。"高博文说。

"嗯，我爸爸是投资公司的分析师，对经济学特别是投资理财知识懂得可多了。"钱小蛋自豪地说。

"我爸爸是电台主持人呢，没有他不知道的新闻！"高博文不服气。

看到两个小家伙互不相让，高爸爸和钱爸爸都笑了起来。

走走停停几个小时后，四人离峰顶越来越近了。

突然，钱小蛋大喊一声："哎呀，疼死我了！"

钱爸爸赶紧跑过来，原来，钱小蛋的右腿不小心被石头刮破了一块皮，顿时鲜血直流。

面对突发状况，大家紧急商量对策。安全起见，最后决定由钱爸爸和钱小蛋坐缆车下山，到景区管理处寻求帮助，处理伤口，然后休息等待；而高爸爸和高博文继续冲顶，然后下山，四人汇合后再结伴回家。

"博文，不能陪你冲顶了。加油！"钱小蛋忍着钻心的疼痛，咧着嘴打出胜利的手势。

"小蛋，你是好样的！我们山下见。"高博文把鞋带系紧，和高爸爸一起向峰顶发起冲击。

二十多分钟后，高博文终于爬上了最高的一级台阶。峰顶是一个篮球场大的不规则平台。站在峰顶，凉风拂过，周围的树叶发出悦耳的沙沙声。

"爸爸，爬山的过程好累，好几次都不想爬了，可是登上山顶后，觉得所有的累都是值得的。"高博文感叹道，"站在这里看远处，感觉周围的山都好矮啊。这种感觉不知道该怎样表达。"

"嗯，这种感觉叫'一览众山小'。"高爸爸说。

"对对，就是这种感觉。"高博文问，"这句话是什么意思呢？"

"'一览众山小'，意思是站在一座山的山顶，放眼望去，会觉得周围的山峰都比较小。这句话出自唐代大诗人杜甫的一首诗，叫《望岳》。这首诗主要描绘了泰山雄伟的景象，流露出诗人对祖国山河的热爱之情，表达了诗人不怕困难、敢攀高峰、俯视一切的气概。"高爸爸解释说，"现在你可能不一定完全能懂，今后你会学到杜甫的其他诗词作品，到时候你就懂了。我们下山吧！"

高博文点点头，虽然他暂时不知道杜甫是谁，但这次登上西山，绝对可以跟几个小伙伴吹一阵子牛了！想到这里，高博文感觉疲惫一扫而空，浑身再次充满了力量。

许思红认养了一棵樱花树

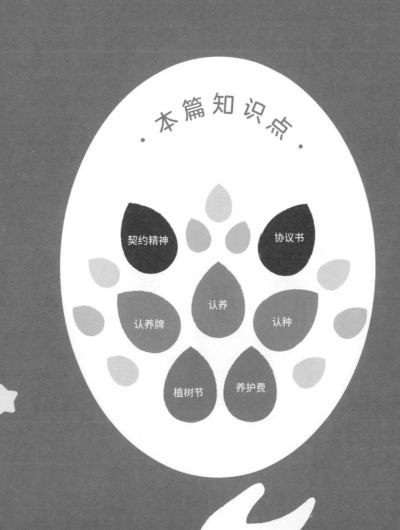

本篇知识点

契约精神　　协议书

认养

认养牌　　　认种

植树节　　养护费

星期天，许思红和妈妈一起去人民公园看花展。在中心广场上，有几位戴着志愿者标志的大哥哥、大姐姐正在宣传树木认养活动。

"小朋友，植树节下周就要到了，要不要认养一棵树啊？"一位志愿者姐姐问，"认养树木后，不但可以学到树木的知识，而且还可以为城市的绿化做贡献呢。"

许思红扭头看看妈妈。妈妈并未反对，而是微笑着，用鼓励的眼神看着她，意思是让许思红自己拿主意。

"姐姐，植树还有节日啊？另外，认养是什么意思啊？"许思红一时半会还没想好要不要认养，但对植树节和认养这两个词汇倒是产生了兴趣。

"嗯，我们人类有各种各样的节日，树也有呢。植树节是按照法律规定宣传保护树木，并组织动员人们积极参加植树造林活动的一个节日。我国的植树节是每年的 3 月 12 日。"志愿者姐姐说，"认养，就是个人或单位经过有关管理部门确认而负责养护植物或动物的行为。"

"谢谢姐姐。我和妈妈商量一下。"许思红礼貌地表达谢意，把妈妈拉到一边。

许思红很喜欢粉红色，要是妈妈答应的话，她想选择能够开出粉红色花朵的樱花树，但她不知道妈妈是否允许。

"妈妈，我想认养一棵树，可以吗？"许思红忐忑不安地问。

"当然可以啊。"妈妈竟然爽快地答应了，"那你想好认养的品种了吗？"

妈妈的回答让许思红高兴极了，她开心地说："我想认养一棵樱花树，我的房间也是粉红色的呢。"

妈妈拉着许思红回到摊位前，交了 150 元养护费，填完登记表，办好了认养手续。

"许思红同学，我替小树谢谢你的认养，记得植树节过来参加养护活动哦。"志愿者姐姐提醒说。

"好的，姐姐再见。"许思红回答道。

回家路上，许思红有一个问题搞不懂，于是问："妈妈，为什么要交 150 元钱呢？"

¥

"150元钱是一棵树一年的养护费。养护费就是认养的个人或企业，每年交纳一定的树木养护费用，这些钱专用于给树木施肥、打药等养护项目。比如，你认养了一棵樱花树，交了150元养护费，由公园的园林绿化人员随时帮你施肥、浇水、除草。"

"嗯，明白了！"许思红挽着妈妈的手，哼着歌向家走去。

¥ …… ¥ …… ¥ ……

星期一上午，在课间休息时，许思红把自己认养树木的事情和几个好朋友说了，大家都觉得认养的主意很棒。只有马大壮牛气哄哄地说："这有什么？我早就在郊区认种了一块菜地呢。"

"认种是什么意思？和认养不一样吗？"高博文好奇地问。

"我也说不清楚，记得我爸爸说过，认种就是个人或单位经过管理部门或农民同意，自己买种子，对植物花草进行养护管理的一种做法。和认养不同的有两个地方，一是自己负责买种子，二是花的钱也要多些。"马大壮说。

"要多花钱啊。那我还是认养一棵树算了，这样可以节约点钱。"高博文转过身问，"许思红，能告诉我在哪里办理认养手续吗？"

许思红把人民公园的办理地点告诉了高博文。

因为妈妈已经租了一个城市菜园，新的要求估计很难被答应，钱小蛋和钱菲菲选择了放弃认养树木。

植树节终于到了，这天刚好是星期六。

许思红认养了一棵樱花树

63

在爸爸妈妈的陪同下，许思红和高博文早早地来到人民公园。

9点整，公园园长为这次参加认养活动的50名小朋友举行了认养仪式。在认养仪式上，植物专家为大家讲解了认养树木的好处，以及树木的养护知识和病虫害防治知识。园长还为每一位参加认养的小朋友颁发了"绿色小卫士"证书。

9点40分，小朋友们在爸爸妈妈的帮助下，开始抬树、挖土、埋土、浇水、修剪、围栏。

高博文认养的是一棵海棠树，挨着许思红的树。

完成了前面的步骤后，最后一个环节是挂牌子。

"博文，你知道这个牌子叫什么吗？"许思红问。

"不知道呢，有点像我爸爸的身份证。"高博文也说不清楚。

高爸爸被高博文的话逗笑了，说："这个牌子叫认养牌，是认养树木的凭证，上面有树木的树名、科属、别称、认养人等信息，也可以称为一棵树的'临时身份证'。"

"高叔叔，为什么是'临时身份证'，不是'长期身份证'呢？"许思红问。

"这是因为认养是有期限的，比如你和博文认养的期限是一年，到了明年这个时候，如果你们还想继续认养，就要重新登记认养信息，并且换牌。如果不想继续认养了，就会换上其他认养人的牌子。"高爸爸说，"还要提醒你们一下，认养的树今天只是第一次养护，要想让树木长大，后面还有很多事情要做呢。"

"爸爸，后面还有什么事呢？"高博文问。

"根据协议书约定，在认养期间，认养人要进行定期维护，每30天为树木除杂草1次、春天和冬天施肥各 1 次、全年修枝 5 次、松土 5 次。这些你们能做到吗？"高爸爸问。

"没问题！"两个小家伙都保证会把小树当作好朋友来照顾。

"高叔叔，你刚刚说的协议书是什么啊？"许思红又发现了一个新问题。

高爸爸伸出大拇指，夸奖说："思红真是爱学习的好孩子。<u>协议书是在社会生活中，为保障各自的合法权益，经双方或多方共同协商达成一致意见后，签订的一种具有法律效力的书面材料。</u>比如，这次你们认养树木，就和公园签了协议书，你们和公园都应该按照协议书上规定的内容承担自己的责任，这是一种契约精神。"

"契约精神？这又是什么意思？"高博文被爸爸说蒙了。

"<u>契约精神，是指在商品经济社会中，对双方在平等、自愿基础上签订的合约进行认真履行的一种守信精神。</u>"高爸爸解释说。

"是这样啊。谢谢高叔叔！"许思红不忘表示感谢。

两个小家伙把工具收拾好后，和爸爸妈妈开开心心地回家了。

图书在版编目（CIP）数据

钱小蛋理财记 . 金钱小主人 / 姚茂敦著；汪智昊绘 . —北京：电子工业出版社，2020.7
（写给青少年的财商课）
ISBN 978-7-121-38846-0

Ⅰ . ①钱… Ⅱ . ①姚… ②汪… Ⅲ . ①财务管理—青少年读物 Ⅳ . ① TS976.15-49

中国版本图书馆 CIP 数据核字（2020）第 048234 号

责任编辑：刘声峰
印　　刷：北京缤索印刷有限公司
装　　订：北京缤索印刷有限公司
出版发行：电子工业出版社
　　　　　北京市海淀区万寿路 173 信箱　　邮编：100036
开　　本：880×1230　1/16　印张：18　字数：207 千字
版　　次：2020 年 7 月第 1 版
印　　次：2020 年 7 月第 1 次印刷
定　　价：158.00 元（共 4 册）

　　凡所购买电子工业出版社图书有缺损问题，请向购买书店调换。若书店售缺，请与本社发行部联系，联系及邮购电话：（010）88254888，88258888。
　　质量投诉请发邮件至 zlts@phei.com.cn，盗版侵权举报请发邮件至 dbqq@phei.com.cn。
　　本书咨询联系方式：39852583（QQ）。